JN242072

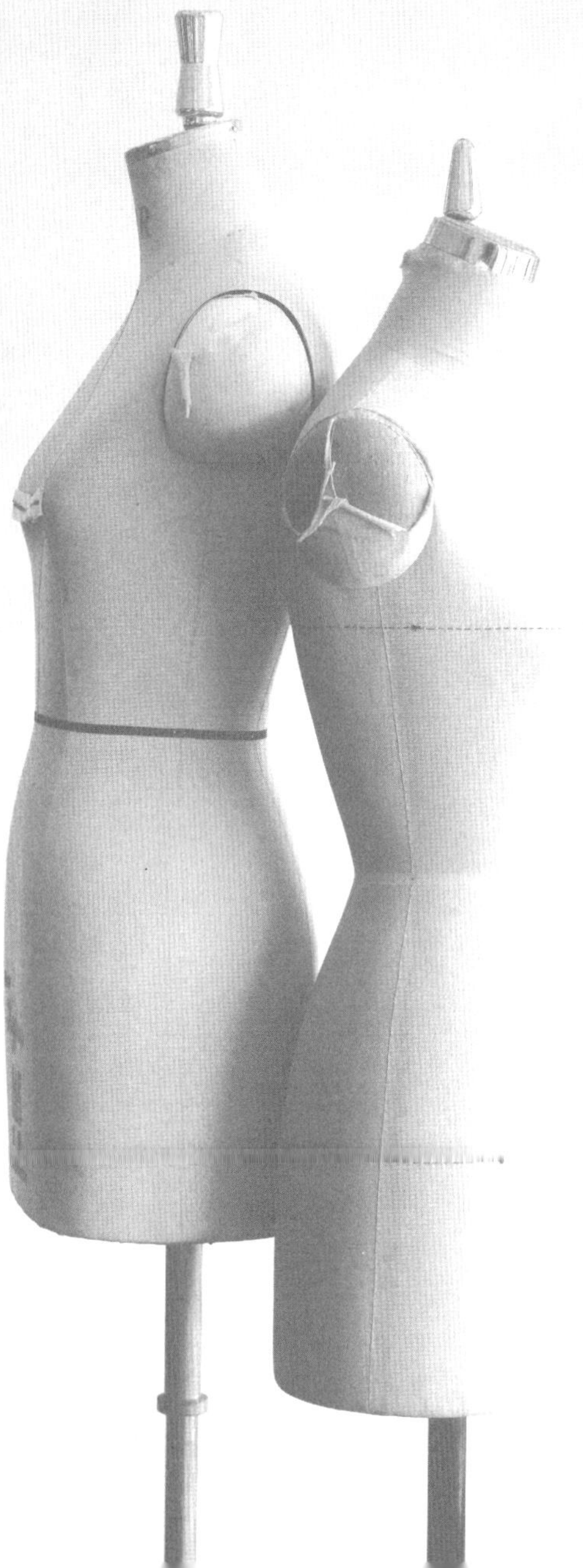

美しい服

美しい服

MIKAKO NAKAMURA

長く愛される価値ある本物

はじめに
MIKAKO NAKAMURAと中村三加子

美しい服をつくりたい――ファッションデザイナーとして20代から仕事をしてきた私が、ずっと願い続けていることです。とりわけ「美」への思いを強く抱いたのは、幼いころから「美しいもの」に囲まれて育ってきたからだと思います。

山岳画家の中村清太郎を祖父に、京友禅作家であった中村浩太郎を父にもつ私の家には、祖父が描いたたくさんの油絵や蝶の標本、父が図柄を描くのに参考にしていたスケッチなどが山のようにありました。数多くの名画が収められた画集は、私の絵本代わりでした。そのなかのひとつが、日本有数のボタニカルアートといわれる蘭の画集『蘭花譜《らんかふ》』（5ページの写真）です。この画集は大正から昭和にかけて活躍した実業家・加賀正太郎氏が、自ら栽培した蘭の花を浮世絵の技法で木版画にし、植物図譜として刊行したもので、蘭ならではの優雅さ、みずみずしさを見事に描き出しています。加賀氏と同窓の友であった祖父も、木版画の下絵となる油絵を描いたと聞いており、これまで幾度となく手に取っては眺めてきた、私にとっての美の原風景です。花はデザインされていないのに美しい。自然の美に勝るものはないと気づいた私は、いつしか服をデザインするうえでも、その美しさに近づきたいと願うようになりました。

一方、企業デザイナーの経験を経て、毎シーズンすべての服が完売するわけではない現実を目にしてきました。多くの人の手を借りてつくられる服だからこそ、一点一点大切に、デザイナーとして思いを込めてつくらなければならない。そして無駄にすることなく、着る人のもとに届けたい。それがデザインを任されている者の責任だと思い至ったのです。

美しい服、それは余計なデザインをせず、個性を備えた女性たちひとりひとりを輝かせるもの。着るほどに体になじむ上質な素材で、大切に長く愛されるもの——そんな理想の服をお客さまにきちんと届けるために、オーダーメイドを基本としたブランドを立ち上げる決意をしました。2004年、自分の名前を付けた"MIKAKO NAKAMURA"は、こうして誕生したのです。以来20年、お客さまの人生に寄り添い、世代を超えて愛されている服は、私たちスタッフの誇りとなっています。その変わらぬ服づくりを、続く4つの章でくわしくお伝えしたいと思います。一着の服が生まれるまでには、多くの人々の熱い情熱と卓越した技術、それを支える深い思いがあります。その素晴らしさ、そして服がもつ力を、今こそもっと多くの方に知っていただきたいのです。

なによりファッションは、自由で楽しいものです。この本を手にした皆さまが、ご自身の本来の美しさを印象づける服と出合い、その一着を大切に着る喜びを知ってくださったらと、心より願っています。

2 *true fabric*

長く愛される服づくり――原点は素材です

3 *true style*

主役はあなた。服でもデザイナーでも、ブランドでもありません

4 *timeless*

大切に、長く……愛着がもてる服と生涯のおつきあい

1

true beauty

「本当に美しいもの」とは
なんでしょう。
すべてはそこから始まります

私が考える「本当に美しいもの」

洋服のデザイナーとしてデザインを考え、素材を選び、色や柄を決めていく。ひとつひとつを選び抜く美意識の土台となっているのが、私にとっての「本当に美しいもの」です。

その礎《いしずえ》となったのは、山岳画家の祖父と、京友禅作家の父のもと、幼いころから育まれた「自然の美しさ」へのリスペクト。３世代で暮らした家の庭には多くの花々が咲き、幼いころは、花を摘んできて色水をつくっては、紙を染めて遊ぶのが好きな子供でした。父は私に、自然がいちばん美しいと日々話し、教えてくれました。祖父の影響もあって、家族とともに山に登る機会も多く、ふだんの生活では目にすることのできない景色に親しんで育ちました。アルプスの眺めが広がる美ヶ原高原で紫色の花を咲かせていた松虫草など、控えめながら力強さを感じさせる高山植物の美しさに、強く惹かれたことを今でも覚えています。

そして今も、美しさの原点は自然にあると考えています。季節ごとに咲く花や木々、一枚の葉からこぼれ落ちる雫《しずく》といった、日々目にする、自然の豊かな美しさ。ありのままで美しい、自然に勝るものはありません。その本質的な美しさに、服づくりにおいても近づけたらと、つねに願っています。

私は子供のころから、いつか美しいものをつくりたいという思いを抱き、絵描きかデザイナーを目指そうと考えていました。成長するうちにいつしか布の魅力に目覚め、ごく自然に今の道を歩み始めました。駆け出しで、忙しかった日々にも、「自然の美しさ」への憧憬を忘れたことはありません。この本では、４つの章の冒頭にある私からのメッセージに、父が描いた花のデッサンを入れています。みずみずしく、どこか可憐な花々を見るたび、自然を慈しむ心を祖父や父から受け継いでいることを感じます。そして私は、その心を伝える人になりたかったのだと改めて思うのです。第1章では、そんな思いから広がる、私が考える「本当に美しいもの」の数々をご紹介します。

「本当に美しいもの」とは、なんでしょう。服、もの、そして生き方まで、慌ただしい日々の暮らしのなかで、見失ってしまいがちな「本当に美しいもの」に心を寄せてみる。そうしたとき初めて、心に響く、大切なものに出合えるのだと思います。

だれしもがもつ、それぞれの美

女性の服をつくるデザイナーとして思っているのは、どの女性も皆さん、それぞれの美しさをおもちだということです。顔立ちも体型も違うからこそ、その方ならではの個性、唯一無二の魅力があるのです。それぞれの素敵なところを際立たせ、内に秘めた美しさを引き出し、後押しする服をつくりたいと、ずっと思いながらデザインをしてきました。

また、どんな女性も、年齢を重ねてさらに美しくなっていくものだと思います。世阿弥が記した『風姿花伝』に、《時分《じぶん》の花をまことの花と知る心が、真実の花になほ遠ざかる心なり》（『新編日本古典文学全集』小学館）という一節があります。能の世界において、若さゆえの魅力を本当の花と思ってはならない、そういうときこそ鍛錬をして芸を磨かなくては、「真実の花」にはなれない、と諭す言葉です。この言葉はそのまま、私たちの人生にも当てはまります。

昔の写真を見返すと、若いころの自分の溌剌とした輝きに気づくでしょう。そして年齢を重ねるにつれ、経験からくる内面の豊かさが備わり、若さとは違ったもち味が生まれてきます。どちらも素晴らしい、その人ならではの美しさですが、話し方や立ち居振舞、学ぶことを怠らない姿勢、人に対する思いやりといった蓄積が生み出す魅力を糧に、自分を磨いていける人が、とりわけ美しいのだと思います。

それぞれの女性が、その時々のご自身の美しさに気づくきっかけを、私の服がつくることができたら——それが私の希望です。

その場の"和"を保つ装いを心がけたい

洋服は本来、自由であっていいと思っています。大切なのは、着ている人が心地よく、その着こなしに納得していること。ただ、それだけでよしとせず、周囲に快く受けとめてもらえることも重要です。着る服を選ぶのは、自分のためだけではありません。その日の着こなしを目にした方が、季節を感じたり、きれいな色にときめいたりしてくださったら、それこそが最高の装いではないでしょうか。

衣食住で四季を楽しむ豊かな文化を誇る日本には、着物の選び方、着方にも季節ごとの決まりごとがあります。一方で洋服には、フォーマル、セミフォーマルといった長い歴史が培ったドレスコードが存在します。格式ばったルールにとらわれる必要はありませんが、その場にふさわしいスタイルを選ぶことは、周囲への気配りのひとつでもあるのです。

たとえば同じ食事会でも、大勢でカジュアルに談笑する会と、少人数でコース料理を味わう会とでは、おのずとふさわしい服装は違ってきます。自由な発想で服を選ぶのも楽しいものですが、そこに集う人、招待してくださった方を思いやることが必要な場面もあるのです。

その場に合った装いは、"和"を保つ力をもっています。雰囲気をわきまえ、ともに過ごす人たちも心地よくいられる着こなしを選べば、周囲も自分も心が弾んでくるはず。服にはそれだけの力があるのです。着こなしに正解・不正解はないと考えていますが、自分のためだけでなく、人のためにも装える女性こそがエレガントなのだと思います。

そぎ落とした先に宿る細部の美

「デザインしないことが私のデザイン」と考えて服づくりをしています。デザインしないということは、「デザイン」の前に「余計な」という言葉を付けると、よくわかっていただけるでしょうか。たとえばドイツ出身の建築家のミース・ファン・デル・ローエは、「less is more（より少ないことは、より豊かである）」という考えのもと、建物をデザインしました。細部を吟味することで作品の本質が決まるという発想、その引き算の美学に私は感銘を抱き、影響を受けてきました。洋服もまさに同じ。奇をてらうことなく、細かなところに気を配ってていねいにつくってこそ、より美しく、着心地がよく、長く愛していただけるものになります。表から見える部分だけでなく、裏側に至るまで、ディテールの美しさをできうる限り追求しているのは、そんな信条からなのです。

人気のコート『ルナ』。
ポケットのステッチなど
ディテールの美しさが際立つ。

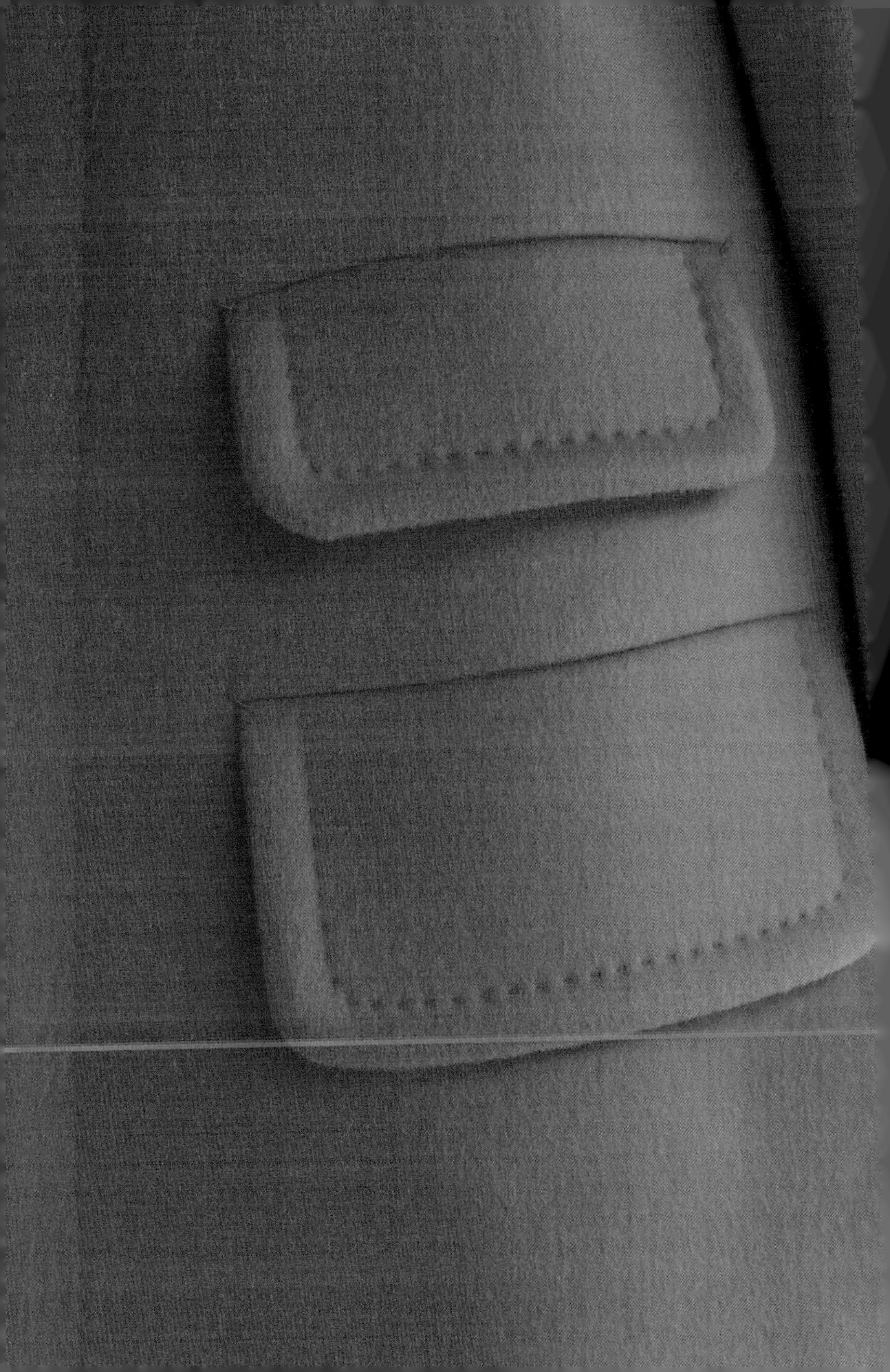

真のエレガンスとは生き方そのもの

〝エレガンス〟という言葉が、過去のものになってきていると言う人もいますが、ありきたりの言葉では代用できず、日本語にはなかなか訳せない価値観なのではないでしょうか。洗練されていて、品格がある——〝エレガント〟とは、大人の女性にとっての最高の褒め言葉であり、目指すべき理想像ではないかと思います。

装いだけでなく、旬を慈しむ感性、四季折々の行事を大切にする暮らし、所作や礼儀といったものがすべて混じりあって、初めてエレガンスを醸し出すのだと考えています。

とりわけ、季節感を大切にしている人はエレガントだと思います。知人とレストランで待ち合わせしたときのことです。その方はご自宅の庭に咲いていた水仙をいっぱい抱えて店に入ってこられました。「春の匂いがするから」と。その心遣いがとてもうれしく、印象に残っています。

愛情をかけて育てた花をくださったこの知人のように、相手を思いやることができる方にも、私はエレガンスを感じます。身近な人に対してだけでなく、社会に目を向けている人も素敵です。私の周囲には、保護犬の里親を探す活動をしたり、子ども食堂を支援したり、パラアスリートのトレーニングをサポートしている方たちがいます。私もときどき参加させていただくのですが、そういう方々の姿には胸を打たれます。社会のために何かをしたいと漠然と感じている人は多いのですが、実際に行動に移せることが素晴らしく、エレガントな生き方だと思うのです。

〝エレガンス〟とは買えるものではなく、自分でていねいに磨き上げていくものです。私もエレガントでありたいと、つねに心がけています。

豊かな色彩がもたらす幸福感

近ごろ、きれいな色に挑戦したいとおっしゃる方が増えています。私もこれまで、シーズンごとにいくつかのきれい色を提案してきました。鮮明なターコイズブルーや気品漂うケリーグリーン、静けさを感じさせる赤、炎のような情熱を秘めた青……これらの色を決めるとき、私はよく、自然のなかから見いだします。絵画でも印象派が好きなので、その影響もあるのでしょうか。身近な自然の美しさをみずみずしく描いた印象派の、光を感じさせる澄んだ色彩を見ていると、幸福感がわき上がってくるのです。

色には心に働きかける力があります。きれいな色を着ることで気持ちまで明るくなったり、ふだんとは違う色を身につけることで、新しい自分を発見したり、素敵な色合いの服を着ている人を目にすると、なんとなくうれしくなったりもします。色がもつこうした強いエナジーは、ほかにはない、あらがいがたい魅力です。

お手本はあなたの身近に

生きていくうえでお手本となる人は、案外、身近なところにいるものです。私の場合は、叔母でした。昭和一ケタ生まれの美しい人で、本当にいいものを追求する、いわばおしゃれの先駆者でした。開襟の白いシャツに自分でアイロンをかけて、手元にはスティールの腕時計。あまりに素敵だったので、18歳のころ「いつか私に……」となにげなく言ったら、その場で渡してくれました。当時はただうれしかっただけでしたが、大人になってその意味がわかりました。叔母はきっと、素敵なもの、価値のあるものを受け継ぐことの大切さを、若い私に教えてくれたのです。以来、その時計は私にとってなにより大事なものとなりました。叔母は、単に装いの美しさ、スマートな振舞だけなく、ものを慈しむ心、次の世代への心のかけ方までも示してくれたのです。

今でも特別なときにだけ
身につけるというスティールの腕時計。

強いからこそ美しい、黒は魔法の色

「黒と聞いてイメージするアイテムは」と聞かれたら、真っ先にある映画の中の女性を思い出し、「ドレス」と口にします。森の中の湖畔に佇《たたず》むひとりの女性。黒のドレスに黒の帽子、レースの手袋をまとっていたでしょうか。手に白い花を持ち、ドレスのすそが風になびいていたのを覚えています。幼いころに観た、題名も忘れてしまった映画のワンシーンが、私に黒の印象を植えつけました。ピアノの音が静かに流れる世界で、その女性は、強く、エレガントでした。こんなにも女性を美しく見せるなんて、黒はまるで魔法使いのようだと思った私は、いつか自分も「黒の魔法」を使えるようになりたいと願うようになったのです。

黒は実にさまざまなニュアンスを秘めています。赤みのある温かい黒、青みのあるひんやりとした黒、墨のような乾いた黒とさまざまですが、どの黒にも、ほかの色にはない強さがあります。そんなストイックな黒を女性がまとい、まろやかな体のラインをなぞったとき、最高に美しく見えるのだと思います。それは、相反するものが重なりあったときに生まれる、成熟した、センシュアルな美しさと言ってもいいのかもしれません。

また、シルクの黒とレザーの黒ではまったく印象が異なるように、黒の表情は多面的で、素材やアイテムによってどんな印象にもなりうるのも魅力です。「無難な色だから」と安易に手に取らず、自分自身に、また着て行くシーンに最も似合う黒を選ぶことで、寡黙でありながら、ほかのどんな色よりもくっきりと、着る人の心映えまでも描き出してくれるのです。

上質な黒は、私のブランドにとってもかけがえのない色。「シェードブラック」と名付けたイブニングドレスやスーツは、黒いドレスの女性が佇む映画の情景からインスピレーションを得て、デザインしました。「シェード＝陰影」という言葉の響きがもたらす奥行きが、黒という色の表情をより引き立て、物語が生まれる。そんなイメージでおつくりしています。上質な黒はまた、さまざまなセレモニーや人生の特別なシーンに、落ち着きと気品を与えてくれる色でもあります。どんな場面においても、まとう人の美しさを際立たせる、別格の存在なのです。

"MIKAKO NAKAMURA"の
「シェードブラック」は、
強く、エレガントな黒の代表。

時を超えて愛される〝本物〟の力

〝本物〟の服をつくりたいと、若いころから、この二文字を目標にしてきました。デザイナーとしてのキャリアを重ね、20年前に自身のブランドを始めたとき、やっと本物をつくれるのではないか、という自信に満ちていました。振り返ると、大それた当時の自分を滑稽にも思うのですが、今でも私は、本物をつくるデザイナーになれているか、自問自答しながらものづくりをしています。唯一わかったことは、本物とは時を超える強さをもっていること。どの時代にも多くのものがつくられては消費されてきましたが、アンティークとして今もその価値を評価されているものは、その時代だからこそつくり出すことができた美の結晶です。

それは服に限ったことではありません。たとえば繊細な絵付けが美しく、海外でも愛されている古伊万里は、江戸時代の本物が時を超えて放つ魅力、ロマンを伝えてくれます。本物とは、対価ではなく、そんな豊かな価値をもつものではないかと思います。

ターコイズは ありのままの自然の美

ターコイズの石を使ったアクセサリーを初めて見たのは、10代のときに訪れた東京・原宿の宝飾店でした。きれいな色の石に秘められたパワーを感じ、魅了されました。ネイティブ・アメリカンは、ターコイズを聖なる存在と考えたといいます。植物や動物、水や風……母なる大地から生まれたあらゆるものに感謝と敬意を抱き、天に祈りを捧げるための儀式に用いたり、お守りとして大切に受け継いできたりしたと知ったのは、そのあとのこと。大ぶりの石を見つめていると、悠久の時の流れまで伝わってくるようで、私のなかでますますターコイズが深く息づいていきました。青みがかったものから緑みが強いものまで、ターコイズにはさまざまな色味があり、それこそがデザインされていない自然のものである証。天然のターコイズが放つ色は、私の「心の色」なのです。

中村三加子さんが愛用する
ターコイズのジュエリーは、
石のエネルギーに満ちた大ぶりのもの。

シンプルなドレスに宿る、研ぎすまされた美意識

タンクドレスで街を歩いている女性を見ると、ハッとして振り返ることがあります。ノースリーブに、シルエットはストレートが基本。凝ったデザインの施しようがないだけに、その一着を選び、着こなしている人の研ぎすまされた美意識が表れます。そんな緊張感のあるアイテムをひときわ美しく着こなしていたのが、第35代アメリカ合衆国大統領ジョン・F・ケネディの夫人、ジャクリーンです。スーツからロングドレスまで、「ジャッキースタイル」と呼ばれるほどその着こなしは完璧でしたが、私の脳裏に浮かぶ彼女は、いつもタンクドレス姿。最もシンプルなドレスが、最もその人の美しさを物語るからなのでしょう。ジャッキーのように素敵に着こなしてくださる方の姿を思い描きながら、私もいつもタンクドレスをつくっています。

シンプルなタンクドレスは、
ブローチひとつで
ニュアンスが生まれる。

コートには特別なドラマがある

美しいコートを男性がさりげなく脱がせてくれて、また羽織らせてくれる——海外のレストランで目にとまる、そんな最高にエレガントなシーンにふさわしいのが、上質なコートではないでしょうか。コートは人前で脱ぐ唯一のアイテム。だからこそ、私たちつくり手の気持ちも引き締まります。脱いだときに、その裏側まで美しいものが望ましいと、カシミヤなどの上質な素材を用いるだけでなく、細部にまでいっそう気を配ってつくっているのです。日本ではエスコートの場面は少ないかもしれませんが、ホテルや劇場のクロークでも、上質なコートは一目おかれます。冬の街を歩くときも、周囲の視線はコートに注がれるものです。

そのコートを着た女性がどんな時間を過ごすのか、どんな幸せの情景が広がるのか、コートをデザインするとき、夢は限りなくふくらみます。

素材も、細部も、美しく。
写真の『ルナ』をはじめ、コートには
特別な思いが注がれている。

職人の手が生み出す、日本の美を未来へ

職人の手でつくられるものは、デジタル化が進むこれからの時代にあっても、最後まで残る美しいものではないかと思います。私の服づくりも、染織、縫製など多くの過程で、優れた職人に支えられていますが、服に限らずさまざまな分野で、丹精を込めたものづくりをしている職人が各地にいます。私も日ごろ、日本の職人がつくり出す美しさに感動を覚え、尊敬の念を抱いています。

少しでもそんな職人たちの力になりたいと、私の会社も「日本和文化振興プロジェクト」という一般社団法人の会員になっています。この法人は2021年から毎年、さまざまなジャンルの日本文化の担い手を表彰しています。その最初のグランプリとなったのが、中川木工芸比良《ひら》工房でした。

中川木工芸の中川周士《しゅうじ》さんが杉の木でつくり出す造形の美しさに以前から心惹かれ、プライベートでも愛用していたので、グランプリ受賞は私にとってもうれしい出来事でした。シンプルなデザインは細部まで隙がなく、まさに伝統的な匠の技と新しい感性が融合した美しさ。こうした美を生み出しているのは、ものづくりに正面から取り組み、コツコツとつくり続けている職人の手にほかなりません。服づくりを通して、またこうした活動によって、日本ならではの技を未来へつなぐ一助となりたいと、つねに願っています。

サロンは美のミュージアム

石畳の道を進み、赤いレンガ調の建物の2階のドアを開くと、大谷石の壁やミッドセンチュリーの家具、イギリスのアンティーク、デンマークのシャンデリアなどが出迎えます。東京の南青山にあるブティックを、あえて「サロン」と名付けています。訪れる人にとって、ただ服を買うだけの場所ではなく、「美しいもの」と出合っていただく空間にしたいと考え、ブランドを始めて10年の節目を前に、2012年にオープンしました。

李朝のタンスの上には、アフリカのプリミティブなマスクが置かれ、その奥の壁には、フランス絵画のリトグラフ……時代も国籍もさまざま、でも、すべて私が「本当に美しい」と思ったものだけを、探し、見つけ、集めてきました。お客さまがリラックスできるようにしたいと、香りや音楽に気を配り、季節も感じられるようにと、旬の花々を持ち込んで自分で生けることもよくあります。オーダーが基本ですから、お客さまの滞在時間も数時間と長く、それだけに、ゆったりと贅沢な時間が流れるように演出しています。

内装を手がけた建築家はこのサロンに、3つの書院が雁行《がんこう》形に並ぶ桂離宮のイメージを重ね、角の多い造りを生かした3つのスペース――エントランス、中央のメインスペース、ソファが置かれたまさにサロンと呼びたくなる空間――にデザインしてくれました。それぞれの間に引き戸を設け、仕切って使うことも、大空間とすることもできる、それもまた、襖で仕切る日本建築のよさを生かしたものです。木の板を一枚一枚、職人が手ではってヘリンボーン柄に仕上げた床をはじめ、時を経るにつれ、このサロンが少しずつ熟成していく様を、訪れた方にも楽しんでいただけることでしょう。

美しいものに満ちたサロンの空間で、スタッフと一緒に、くつろいだ時間のなかで、自分の本当に気に入ったものをお選びいただけたらと願っています。そして一枚の服を選んでいただいたところから、より深いおつきあいが始まります。購入されて終わりではなく、気軽に立ち寄っていただける場所、何度でも訪ねていただける場所として、サロンがあるのです。

「MIKAKO NAKAMURA 南青山サロン」の店内。
家具や絵画、植物などのしつらえ、
大谷石の壁や木の床など、自然素材の豊かな質感が
居心地のいい空間をつくり出している。

2

true fabric

長く愛される
服づくり——
原点は素材です

「いい素材」が導く、時を超える服

長く愛される服をつくっていきたいと、私はいつも考えています。その方の人生に寄り添い、手にしたあとも、いつまでも大切にしてもらえるような服。女性が美しく、エレガントに映り、自信を授けてくれるような服。そしてまとったときに感じる高揚感や幸福感とともに、いつか同じように大切にしてくれる人に譲りたいと思えるような、そんな服を手がけていきたい、と。その願いは、ブランドを始めたときから揺るぎないものです。

上質な素材を選び、その素材を最大限に生かすデザインを考え、計算しつくしたパターンとていねいな縫製で仕上げ、お客さまにお届けする。

たとえるなら私の仕事は、江戸前寿司の職人のようなものだと思います。

優れた寿司職人は日々、河岸《かし》へ足を運び、魚を選び抜きます。値付けではなく自分の目で厳選し、その素材のよさを十分に理解し、目立たないけれどていねいな下準備をしているからこそ、ネタのおいしさを余すところなく引き出せるのです。そんな江戸前寿司の職人の仕事ぶりを目にするたびに感銘を受け、見習いたいと思ってきました。

洋服の素材も、つくり手が吟味し、選び抜くことが大切だと考えています。高価な素材であっても、それに見合う価値が本当にあるかどうかは、自分の目で確かめなければわかりません。素材の質感や色柄を五感を使って見極め、その素晴らしさを手間と時間をかけ、心を込めて、ありのままにシンプルに伝えたいのです。いい素材を使った服は、いい材料を使った料理と同じ。いい材料が少ない調味料でおいしく仕上がるように、いい素材はシンプルなデザインで仕上げるだけで、最上のものになるのです。

私にとっての理想的な素材には、しっとりと優しいカシミヤ、上品なコットン、鮮やかな発色のシルクなどがあります。天然素材はひとつひとつ着心地も表情も異なりますが、そのどれもが呼吸をしているかのような存在感さえ感じさせます。だからこそ着る人に心地よく寄り添い、長い時をともに過ごすことができるのでしょう。

服のよしあしは、素材のクオリティに大きく左右されます。どんなに素敵なデザインでも、いい素材を使わなければ長く着ていただくことはできません。第2章では長く愛していただくための服づくりについて、お話ししていきたいと思います。

内モンゴルで知った、ものづくりの原点

これまで私は、国内各地をはじめ、イタリア、イギリス、香港、上海、ベトナムなどの縫製工場や素材の工場を訪ねてきました。服の生産過程をきちんと一から知りたいと思ったからです。

自身のブランドを始めるときも、ブランドを象徴する素材としてカシミヤを使いたいと考えた私は、真っ先にカシミヤヤギの放牧と生地生産の拠点である中国の内モンゴル自治区に向かいました。北京から飛行機で包頭《パオトウ》市という内モンゴル西部に位置する街に降り立ち、原毛の整毛から紡績、染織、整理までを行う一貫工場を訪問しました。すべての工程を自分の目で確かめ、その素晴らしさを十分に理解していきました。

足を延ばしてカシミヤヤギの放牧地も訪ね、採毛も体験しました。放牧地は工場から車で約5時間。なにもない砂漠のような一帯をひたすら

走る途中に集落がふたつほどあり、そこで食事を取るなどしながら、ようやくたどり着きます。放牧地は夏冬の寒暖差が激しい気候です。ここで生きるヤギは夏の間に草をいっぱい食べ、毛を蓄えて冬に備えます。カシミヤの原毛となるカシミヤゴートというヤギのふわっとした産毛も、こうした環境でなければ生えそろいません。しかも1頭から採れる量は驚くほどごくわずか。硬い差し毛の下にある、細くやわらかい産毛だけを梳でていねいに梳き取る経験を通して、その希少性を実感したのです。

この一貫工場で私は、厚手のコート地をつくってもらうことにしました。そしてでき上がった生地を隣接する縫製工場に持ち込み、一着のコートの試作をお願いしたのです。それが、このあと長年にわたってオーダーいただいている『ソフィア』と呼ばれるコートの原型となりました。

一着の服をつくる過程で、どれだけの人の手と時間が必要で、どんな人たちが支えてくれているかをつぶさに知った体験は、私のものづくりの原点となっています。服づくりを素材から始めることの意味と価値を、いつまでも大切にしたいと考えるゆえんです。

12 true fabric

着るほどに体になじむ、イギリス流のカシミヤ

今ではカシミヤはかなり身近なものになりましたが、少し前までは、贅沢な、大人のためのものでした。20代半ばで初めてカシミヤのアンサンブルニットを買ったときも、美しい光沢や品格のある肌触りに魅力を感じ、自分にとって大事な素材だと実感しました。このアンサンブルは、今でも大切に手元に残してあります。

内モンゴルで一着のコートを試作してから日本に戻り、いよいよ自分のブランドでコレクション用のカシミヤ生地をつくろうとしたとき、私が選んだのは、密にしっかりと織り上げたホワイトカシミヤのダブルフェイスでした。

日本ではふわっとやわらかいカシミヤが人気ですが、1700年代にさかのぼるほど古くからカシミヤに親しみ、価値を見いだしていたイギ

上／ブランドの立ち上げのとき以降も、何度も通った、中国の内モンゴル自治区。中／コートをつくった、現地の縫製工場。下／カシミヤヤギの放牧地も訪れた。

リスでは、伝統的にウエイトのあるものが好まれます。厚みのあるカシミヤは着れば着るほど風合いが増し、体になじむからです。イギリスの老舗ブランドが日本でライセンス生産する製品のデザインを手がけたこともある私は、スコットランドの工場を何度も訪ね、カシミヤのよしあしを現地の人から伝授され、見分ける目を養うことができました。そして、その魅力に強く惹かれたのです。ホワイトカシミヤのダブルフェイスは、目の詰まったカシミヤの美しさをよく知っていたからこその選択でした。

イギリスでは日本と同様に、お手入れをして、ものを長く愛用する文化があり、カシミヤの服も大切に着続けられています。時間をかけて体になじむことで愛着が増し、仕立てたときに美しいシルエットをつくり出す肉厚のカシミヤは、私の理想をかなえてくれる存在です。

マントの『ジーン』にも用いられている
最上級のホワイトカシミヤは、
やわらかな白が魅力。

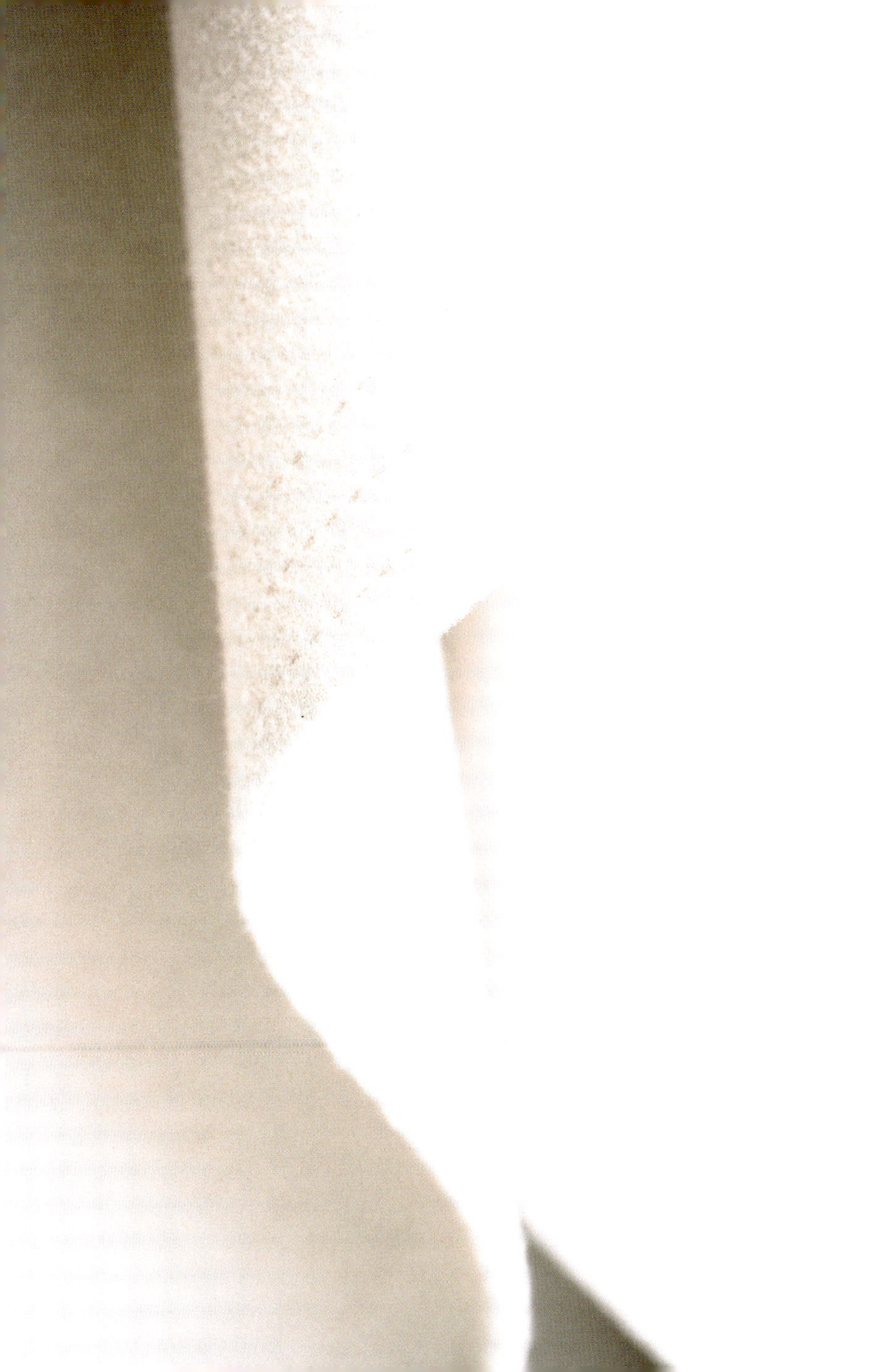

優れた職人の技術と愛情

一着の服をつくり上げ、お客さまにお届けするまでに、実に多くの人の手を借りています。糸をつくって布を織り、染めるという素材づくりの過程はもちろん、布地の裁断や縫製から、ボタンホールや付属品のあしらいまで、数えきれないほどの人が支えてくださっています。

そでや前身ごろといったパーツごとに縫い手が分かれ、ラインに乗ってつくられていく服と異なり、オーダーメイドの服は一着をひとりの職人が縫い上げていきます。なかでもシルクやカシミヤなどの天然素材の布地は、気温や湿度によって微妙に伸び縮みするため、熟練した職人はその日の天候に合わせて、ミシンの速さや素材を扱う指先の力加減を変えているのです。また、デザイン画どおりの服をつくるためには、パタンナーが作成したパターン（型紙）に沿って仕上げていくのが服づくりの基本ですが、私の服を手がける職人は少し違います。どこをどうすればより洗練されたシルエットになるかを縫い手ならではの視点で考え、パタンナーと密に話し合いながら、よりよい一着をつくろうとしているのです。素材のことも縫製のことも熟知したうえで、手縫いとミシンも使い分けながら、一点一点仕上げています。

オーダーをいただいてから始まる服づくりですから、製作中の服には、オーダーされたお客さまの名前を記した票が添えられています。職人が直接お客さまとお会いする機会はありませんが、「以前もこのコートを別の色で注文してくださった方だな」などと思いを巡らせながら、つくり上げているのです。"MIKAKO NAKAMURA"の服の美しさと着心地は、職人のテクニックだけでなく、注ぎ込まれた愛情からも生まれてくるのだと思います。ある職人が「人間の手でつくるものは、呼吸より速い速度ではできません」と話してくれたことを思い出します。ミシンで縫うことも、手でステッチを施すことも、まさにそのとおり。だから優しく、着る人の体に自然に寄り添う服ができ上がるのです。

今、さまざまな分野で、手仕事の担い手不足や後継者不在が課題となっています。その一方で、3Dプリンターが住宅を建てたり、AIがあらゆるものを生成したりする時代になりました。もちろん、服づくりも例外ではありません。かつて私が観た映画『モダン・タイムス』で、労働者の個人の尊厳が失われ、機械の一部のようになっている世の中をチャールズ・チャップリンが風刺したのは、1930年代のことでした。それから約90年を経た今こそ、改めて手仕事の素晴らしさ、代わりの利かない職人の技を見つめ直すときなのだと痛感しています。

どうすればよりきれいに縫えるかと、つねに試行錯誤をし、妥協のない仕事をしている職人たち。自分の仕事に誇りをもつ人々とともに服をつくっていけることを、日々感謝し、幸せに感じています。

ボタンやホック、ステッチ、パイピングなど、
あらゆるディテールに職人技が息づいている。
コートのホックの縫い付けや、
ヘムに施されたステッチは、手で行われている。

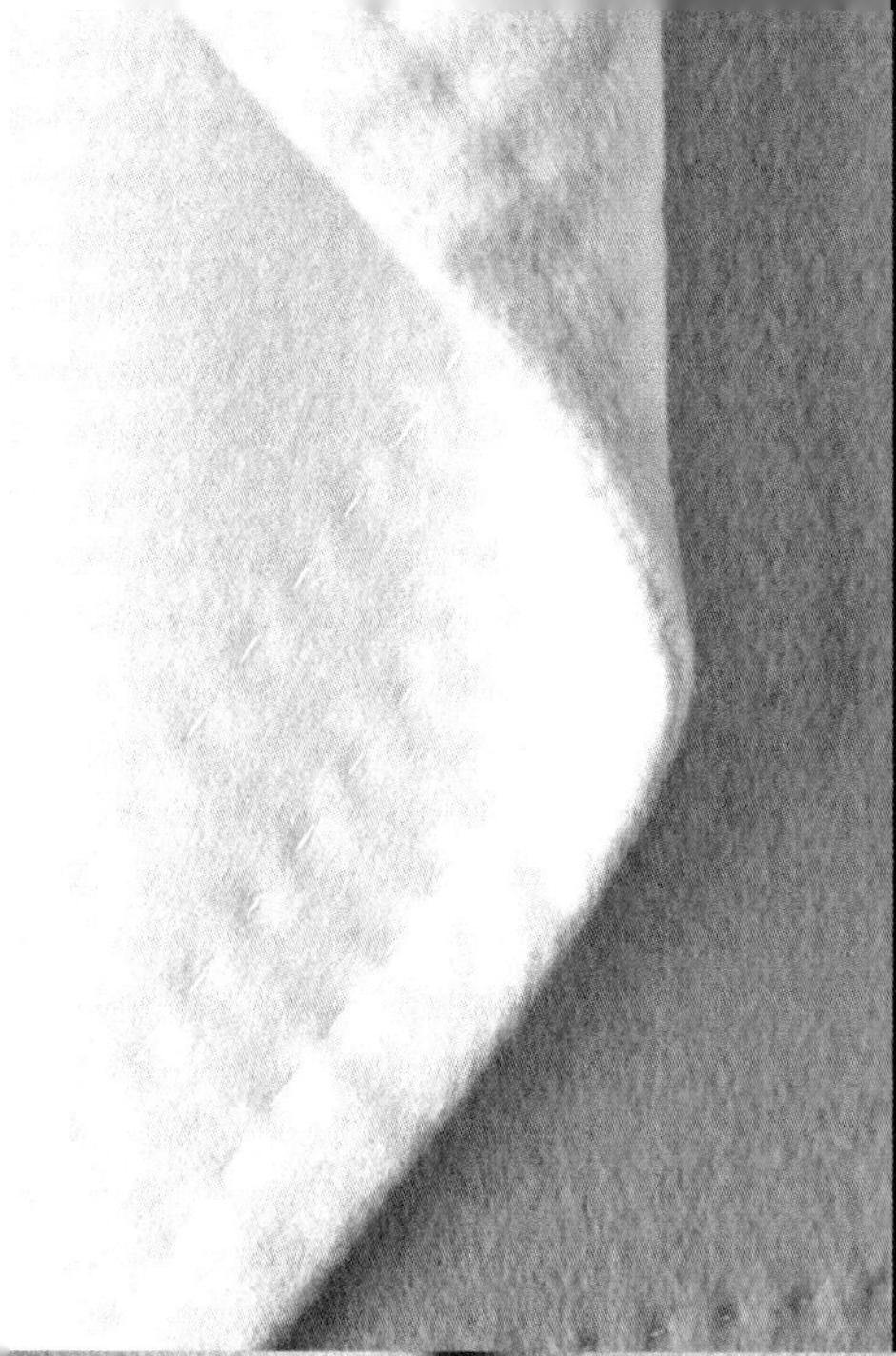
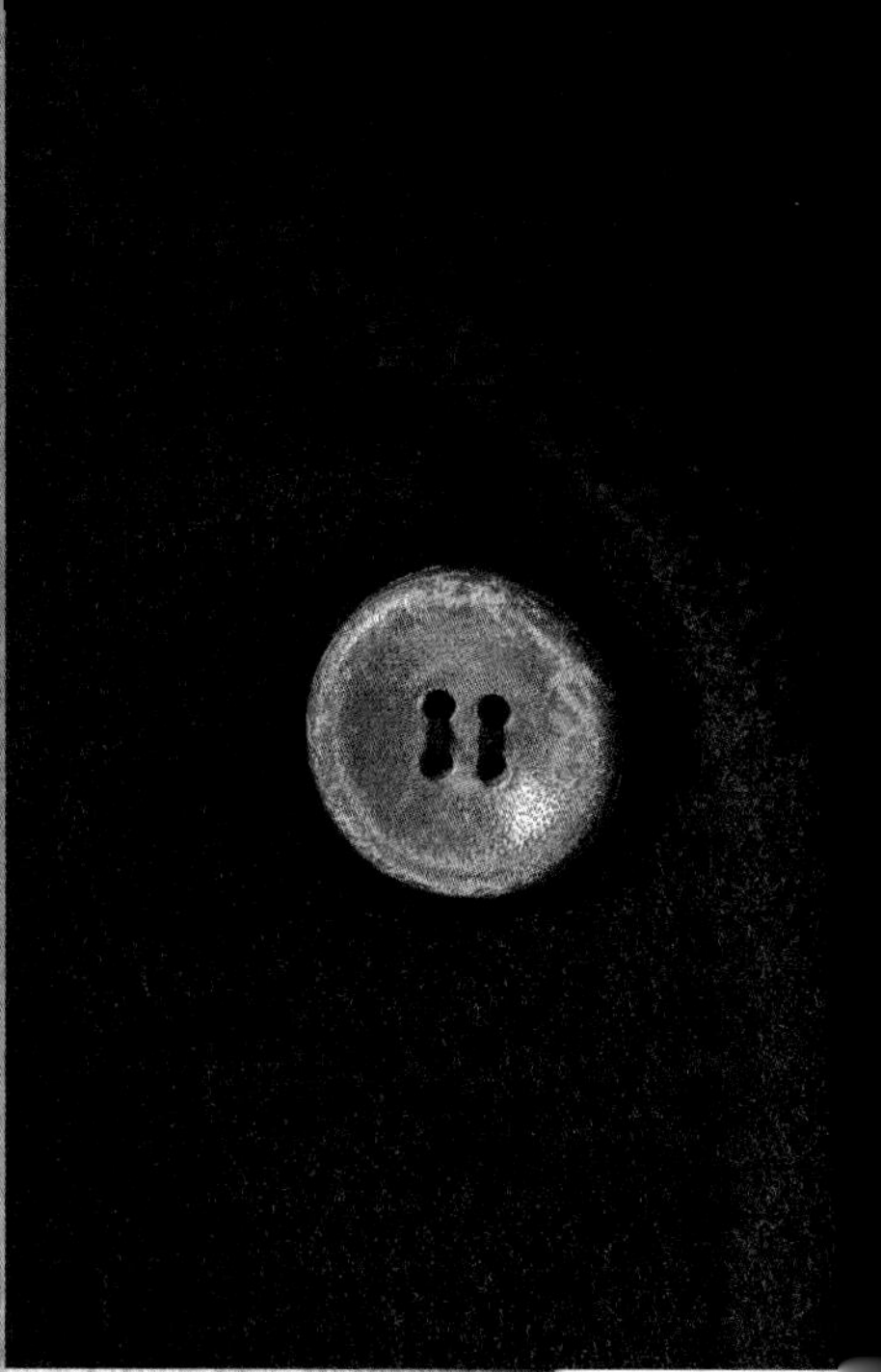

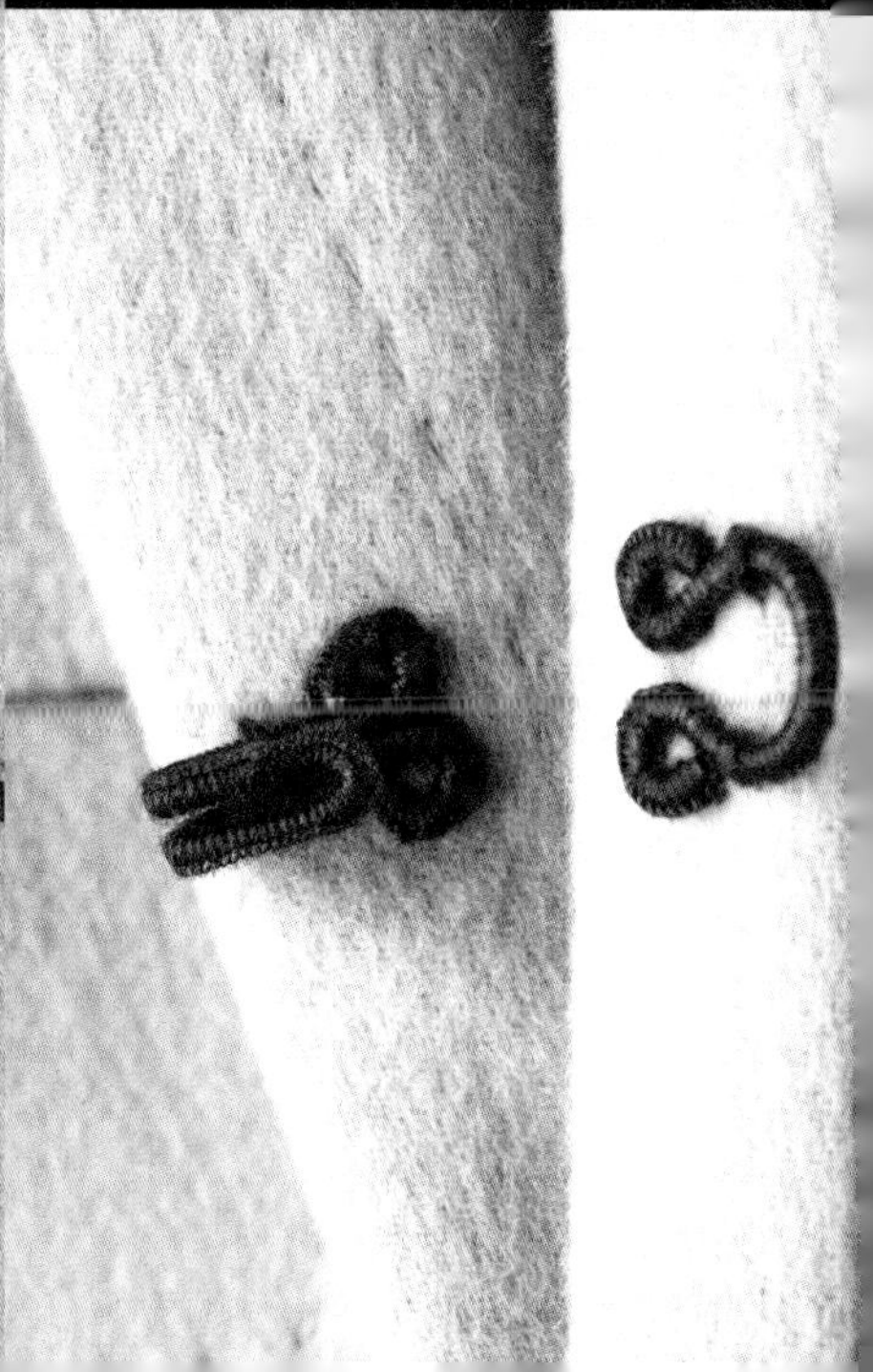

装いのアクセントになる、プリントはまるでアート

私のデザイナーの経歴は、テキスタイルから始まりました。東京・日本橋の生地問屋でプリント部の配属となり、自ら図案を考えたり、社外の図案家と打ち合わせをしたり、その図案を生地にする際の配色を考えたりと、充実した日々を送りました。桐生（群馬県）や米沢（山形県）、横浜といったテキスタイル産地にあるハンドプリントの染工場を訪問して、展示会用の生地をつくる機会も何度もあり、このときの経験が今でも生きています。私にとってプリントの生地は、特別な存在なのです。

服のデザイナーになった今も、コレクションを発表するたびに、そのテーマをプリントで表現しています。幾何学、花、動物とさまざまな柄を使ってきましたが、大きさ、配色、タッチ、構図と、どの柄にも無限の要素があり、多彩な表現が可能です。プリントを考えるときは、布に

絵を描くような感覚で行っています。絵画はもちろん、写真や建築、あるいはバレエなど、さまざまな方法で表現される"アート"を、布地の上でも表現したいと考えているのです。

着る方の個性を邪魔することのないシンプルな服づくりを基本としていますが、プリントではファッションの楽しさを伝えたいと考えています。美しいプリントの服はまとっている人だけでなく、目にする人の心も躍らせます。また、南青山のサロンにお越しいただいたお客さまのなかには、店内を彩るアートのように、プリントの服を眺めてくださる方もいらっしゃいます。日々の装いにプリントを取り入れることで、新たな発見が広がっていきます。

シャツで味わいたい
コットンの心地よさ

白いコットンには、格別深い思いがあります。子供のころ、母が毎日洗って、天日に干していた綿ブロードのシーツからは、いつも太陽の香りがしました。その上に横になったときの気持ちのよさを、今でもよく覚えています。そんなコットンならではの肌触りを味わえるようなシャツをつくりたいと、デザイナーになりたてのころから思っていました。

ブランドを始めて最初につくったシャツの素材には、やはり白い綿ブロードを選びました。パリッとしたコットンが心地よく肌に触れ、飾り気のない美しさがまとう人の個性を引き立たせるよう、考え抜いてつくった一枚です。それ以降も何枚となく白シャツを手がけてきましたが、どんな印象にもなりうる素材をどう見せていくか、身が引き締まる思いで白いコットンと向き合っています。

数えきれないほどの素材に
実際に触れてきた経験を生かし、
白シャツのコットン素材も、
見て、触って、肌に重ねて、五感で選ぶ。

大地のような包容力をもつブラウン

この本を開くとまず、優しい、深みのあるブラウンを目にされることでしょう。この色は、私のブランドのアイデンティティカラーです。幼いころから自然の美しさに惹かれてきた私は、ブラウンに命を育む土の力を感じます。どんなきれいな色にもなじみ、その美しさを引き立ててくれるブラウンは、まるで大地のような包容力をもっています。また、身近な家具などにもよく使われているように、生活のなかに自然に溶け込む穏やかな色でもあります。

ブランドのアイデンティティカラーを決めるとき、私は迷いなくブラウンを選びました。透けるような素材やセレモニー用のブラックの服は別にして、服の裏側に配された裏地、パイピング、ステッチなどに、いつもこのブラウンを使っています。この色を見ると、"MIKAKO

NAKAMURA"の服だとわかるほど、今では定着してきました。

着る方の体を優しく包み込むブラウン。それはまるで、服の表地の"花"を、裏から支える"大地"のよう。自然をこよなく愛する私の敬意が、この一色に凝縮されています。

絹が紡ぐ唯一無二のエレガンス

絹の着物をまとい、慈しんできた日本人のＤＮＡには、シルクへのリスペクトが息づいていると感じます。日本で行うものづくりを大切にしてきた私にとっても、エレガントな素材としてまず思い浮かぶのがシルク。上質なシルクの魅力は、なんといっても極上の光沢と独特のハリ、なめらかさです。発色もよく、ほかの素材では表現できないような特別な美しさをもっています。

私が好む構築的なシルエットをシルクでも表現したいので、カシミヤと同じように肉厚で、ウエイトがある生地を用いています。コレクションでもほぼ毎回登場する「ミカドシルク」は高級なウエディングドレスに使われてきた素材で、密な綾織りがハリと光沢を生み出します。この生地の凜とした雰囲気をもっと日常的に楽しめるよう、ブラウスやスカートに仕立てています。「ダブルシルクサテン」と呼ばれる肉厚の生地は、ジャケットやスカートで愛用してくださる方が多く、もともとは宗教儀礼で男性が着用する正装のジャケットに用いられていました。目がギュッと詰まった艶やかな織地には気品が漂い、さらに着物の帯のように耐久性があって、シワになりにくいという利点もあります。また、絹の艶とウールのしっとりとした質感を併せもつ「シルクウール」は3シーズン楽しめるので、コートやワンピース、ジャケットなど、幅広いアイテムで展開しています。

一方で、シルクは急速に希少な素材になりつつあります。私は今、小松(石川県)で「生機《きばた》」といわれる白生地を織っていただいて京都で染めたり、米沢で糸から染めて織る「先染め」にしていただいたりしています。けれども、着物離れが進むなか、絹を織れるところも、染められるところも、どんどん少なくなっているのが実情です。つくり手が減り、価格が上がり、シルクを使いこなせるブランドも限られてくると、売れなくなってしまい、またつくり手が減るという悪循環が起きています。そもそも繭を育てる養蚕や製糸といった生糸生産は、かつて日本の経済を支えた一大産業でした。それがこの先、日本が絹織物をどのくらいつくり続けていけるのか、危ぶまれるほどになってしまいました。

エレガントで美しく、とりわけ日本女性にとってなじみ深い唯一無二の素材、シルク。その未来のために、使い続けることで大切にしていきたいと考えています。

しなやかで光沢があり、
気品漂うシルクのブラウス。
奥行きのあるネイビーの彩りも
上質なシルクならでは。

3

true style

主役はあなた。
服でもデザイナーでも、
ブランドでもありません

シンプルな服で、女性を美しく

主役はいつも、服を着る方。ひとりひとりが本来もつ個性を生かして、その美しさを引き立たせたい――そんな願いをかなえてくれるのは、決して凝ったデザインの服ではなく、シンプルな服だと私は考えています。

自分なりのデザインを探求するうえで共感を覚えたのは、長く愛され続ける住宅を手がけた、建築家たちの考え方です。なかでも敬愛するのが、吉村順三先生です。明治生まれの吉村先生は、戦前、フランク・ロイド・ライトとともに来日したアントニン・レーモンドに師事し、戦後の日本建築界を牽引したひとり。シンプルな材料と単純な構成によって心地いい空間を生み出す作風で知られ、住まう人の心地よさを、つねに考えた人でもありました。

吉村先生の言葉をまとめた『建築は詩』（彰国社）は、私が心のよりどころにしている本といっても過言ではありません。《建築は、はじめに造形があるのではなく、はじめに人間の生活があり、心の豊かさを創り出すものでなければならない》とおっしゃっていますが、〝建築〟という言葉を、〝洋服〟に置き換えれば、そのまま私のデザインの姿勢と重なります。

とりわけ、住宅は簡素につくり、住み手が完成させていくものである、という考え方には、深い感銘を受けました。ファッションにおいても、主役は服でもデザイナーでも、ましてやブランドでもないと思います。シンプルな服が、それを着る方の「本来の美しさ」を表現できるよう、私たちはプロの視点からお手伝いさせていただいているのだと、とらえているのです。

20年前、自分のブランドを手がけるにあたり、クチュールやセミオーダーにすることを選んだのも、建築家が注文住宅を建てるような心構えで服をつくることができたら、と思ったからです。ひとりひとりのお客さまと向き合い、それぞれの生き方、暮らし方に合った一着をおつくりする。そしてそれを自由に、楽しく着こなしていただく。皆さまが自分らしいスタイルを見つけるための、ベースづくりをさせていただきたいと思っています。

第3章では、私が大切にするシンプルな服づくりと、シンプルだからこそかなう個性の演出について、お話を続けていきます。

「余白」が生み出す引き算の美

日本の美意識に、「侘《わ》び」「寂《さ》び」と並んで、「余白」があります。絵画や陶磁器の絵付けなどに見られる余白を生かした表現方法は、西洋美術とは、美のとらえ方が大きく異なります。たとえば琳派の創始者とされる俵屋宗達の代表作『風神雷神図屏風』も、中央の大きな空間が目を引き、余白で想像力をかき立てます。一輪だけの生け花や枯山水も、そぎ落とした空間が観る人の想像力を喚起し、豊かに感じさせるのです。

私は服づくりも同様に、シンプルで余白があるほうが、着る人の個性を表現できると信じています。余白はバランスにも関わってくるものですが、バランスを整えるために、何かを足すのではなく、あえて引き算してみる。そんな繊細な気づきから生まれた余白が、その人ならではの魅力を引き出すのではないでしょうか。

余白は、デザインする際にも
意識する。線を描いたあとに
本当に必要かどうか推敲を重ね、
最後に消すこともあるという。

着る人とつくり手と、対話から広がる服の可能性

お客さまと直接お話をするのが私にとってなにより貴重な時間で、サロンではできる限り多く、その機会をいただくようにしています。

そこで生まれる対話は、服に関することだけではありません。最近ご覧になった映画、行かれたコンサート、読まれた本、お仕事やご家族のことなど、ゆったりとした空間でリラックスしていただきながら、お客さまが興味をもっていることや考えていらっしゃることをうかがうと、どんな服を必要とされているのか、どういうデザインがお似合いになるのかが浮かび上がってきます。顔立ちや体型といった目に見える要素だけが個性でないことは、いうまでもありません。

外見と内面、双方の魅力を引き出すことのできる一着をお選びし、着ていただくと、その方本来の美しさがにじみ出てきます。ときには、お

客さまが「これはちょっと苦手だわ」とおっしゃったデザインや色をあえておすすめし、試着していただくこともあります。「着てみたら、案外似合うわね」と、喜ばれることもたびたびあり、新たな提案ができたことをうれしく思います。

以前おつくりいただいた服を、私には思いも寄らない素敵なコーディネートをされて、サロンにお越しになる方もいらっしゃいます。私自身に先入観があったことに気づくとともに、新しい可能性を教えていただけるのはありがたいことです。お客さまとのやりとりから、私もたくさんの刺激をいただいています。つくり手だけが満足し、一方通行で発信するのではなく、着る方との対話を通して可能性が広がっていく――服には無限の楽しさがあるのだと感じています。

特別な日のための服をクチュールで

お客さまを主役とした服づくりの極みは、やはりクチュールです。その方のためだけに描いたデザイン画、パターンを用意し、その方のために選んだ素材で服に仕立てる。まさに唯一無二の一着であり、私たちにとっても、お客さまと一緒につくり上げていく楽しさがあります。

クチュールを依頼してくださる方の多くは、ロングドレスをつくられます。ウエディングをはじめ、パーティーでお召しになるイブニング、演奏会用のステージドレスなどを、4か月ほどかけて仕上げていきます。

特別な機会にこそ、最高に似合う服をまといたい。そう願う方は多いでしょう。そのためにもロングドレスだけでなく、「自分だけの一着」が完成するクチュールを、幾度かの仮縫いなどを含む、すべての心躍るプロセスとともに楽しんでいただけたらと思っています。

2004年のファーストコレクションで登場した、
カシミヤのロングドレス『マリア』。
選び抜かれた素材でつくられるロングドレスは、
クチュールでも人気が高い。

服に命を吹き込む、手足や首筋、顔の表情

私はつねに、着る方の肌がどのように、どのくらい見えているのがきれいだろうと、考えを巡らせながら服をデザインしています。ネックラインはどんな形だと首がすっきり見えるのか、胸元はどのくらい開いていると品のいい抜け感が生まれるのか、そで丈は手首がどのくらいのぞいているとエレガントなのか、と探り続けているのです。

首や手首、足首は、体のなかでも特に細い部分です。そこが服からのぞくだけで、女性の体がもつやわらかさ、曲線の美しさを感じさせます。胸元が大きく開いているなど、大胆に肌を見せるデザインのほうが、より細さを際立たせる効果が高いと思われるかもしれませんが、ここでも大切なのはバランスです。襟、そで、すそから、首や手首、足首がのぞく加減によって美しさが生まれ、その方ならではの魅力が開花します。

たとえば、横にまっすぐに切ったような襟開きのボートネックも、肩先まで開いているものと、クルーネックに近いつまった形のものとでは、肌の見え方がまったく違ってきます。私はいつも、胸元は開けずに、肩に向かってまっすぐ長く、鎖骨と平行を描くようにデザインしています。肌の分量は控えめながら、直線的なラインが首をほっそりと引き立て、フェイスラインがきりっと引き締まり、ひいてはすらりとした佇いさえ演出してくれるからです。

またそで丈は、ブレスレットスリーブとも呼ばれる手首のくりくりした骨がのぞく丈にすると、華奢な印象を与えます。指先から腕にかけてがしなやかに感じられるだけでなく、時計やブレスレットも華やかに映えることでしょう。ボトムスでは、足首がのぞくクロップドパンツもすらりと見せてくれます。またスカートも、すそからどれくらい脚や足首が見えているかによって、全体のバランスが大きく変わってくるものです。ハイネックやタートルネックを着ているときは、髪をまとめるなどして顔の輪郭を出すと、シャープに仕上がります。肌が出すぎても隠れすぎても、全身のバランスが崩れてしまうのです。

ブランドを始めた2004年、最初のコレクションにボートネックとブレスレットスリーブというふたつのディテールをもつカシミヤのトップス『ミーナ』(87ページの写真)を登場させました。そのころはまだ、ほとんど見かけることがなかったその短いコートも、当初からおつくりしていて、いずれも今ではブランドを代表するデザインとなっています。

手足、首筋、顔の動きや表情が加わると、服に命が吹き込まれます。それによって、着る方の魅力も引き出されるのです。

ボートネックとブレスレットスリーブが
特徴のプルオーバー『ミーナ』をまとうと、
首筋や手元の表情が生き生きと映る。

試着室は「ときめきの空間」

最近は、オンラインで服を購入される方も増えてきました。素材や寸法などの情報もくわしく書かれていますし、店舗以上にたくさんの服を見ることができて、とても便利です。一方、素材の肌触りを確かめたり、コーディネートを相談できたりするのは、店舗ならではの利点。私はそこにもうひとつ、試着室の存在を店舗の魅力として挙げたいと思います。

素敵な服を手に試着室に入るとき、ときめきを感じます。ひとりの空間でだれにも邪魔されずに服と向き合い、ドキドキしながら鏡をのぞく。そんな心が高揚するひとときを快適なものにできるよう、南青山のサロンでは自然光が入る試着室を設けました。その服を着て街を歩く姿を想像しつつ、服選びを楽しんでいただきたい——試着室は単にフィット感を確認するためだけのものでなく、「ときめきの空間」なのです。

「MIKAKO NAKAMURA 南青山サロン」の試着室は、
自然光が入る、広々とした空間。
全身鏡に姿を映し出し、
穏やかに自分と向き合う時間をつくってくれる。

肌色に似合うキャメルを求めて

ブランドを始めたころは、基本の素材のひとつであるカシミヤのカラーは、黒とキャメルと決めていました。このふたつの色は、時代や流行がどんなに変わっても、女性をきれいに見せることにおいては変わらない、普遍的な色だと思ったからです。

キャメルは、温《ぬく》もりを感じさせるコートにはぴったりな色ですが、日本人のスキントーンに近いので、肌がくすんだように見えてしまうこともあります。ベーシックな色ではありますが、似合うキャメルを見つけることは、実はとても難しいのです。

私が提案しているのは、色味の調整を繰り返しながら吟味して生まれた、ピンクみを帯びた、顔映りのいい明るいキャメル。温かく、優しい幸福感が漂うキャメルに包まれていただきたいと思っています。

キャメルならではの
温かな幸福感が味わえる
フード付きコート『レニ』。

ジュエリーと靴は頼れるアレンジャー

装いは、服だけで完成するものではありません。同じ服を着ていても、どんな小物を合わせるかで印象は大きく変わります。上質な素材のシャツにあえてコスチュームジュエリーを重ねたり、黒のベーシックなワンピースにきれいな色の靴を合わせたり……ジュエリーと靴は、小物のなかでも着こなしのイメージを決定づける重要な要素です。

ジュエリーは、身につけるアートでもあります。コスチュームジュエリーならではの大胆なデザインや遊び心は、装いを個性的にアレンジしてくれるでしょう。一方、造形美や機能美そのものである靴は、足元だけでさりげなくトレンドを取り入れられるアイテムでもあります。ジュエリーや靴は、決して脇役ではありません。夢や憧れを託しながら、自分らしく取り入れることで、ファッションの幅が広がることでしょう。

中村三加子さんが愛用するのは、
遊び心のある大ぶりのシルバージュエリー。
サロンにも、ヴィンテージのものを中心に
シルバージュエリーが並ぶ。

大切な100のものごとが自分を教えてくれる

よくわかっているようで、いちばんわからないのが自分のこと。自分自身を知ることは、自分らしい装いへの第一歩でもありますが、思いのほか難しいものです。そこでおすすめしたいのが、自分が大切に感じる100のものごとを書き出してみること。服、宝石、食べもの、花、都市、美術館……どんなジャンルでもいいのです。私もリストアップし、しかもときどき更新していますが、実際に書くことで、自分の輪郭がクリアになっていきます。自分の「本来の美しさ」が大切だと気づいても、それがいったいなんなのか、どう表現すればいいのか、容易にはわかりません。でも、こうして自分と向き合うことで、その本質に近づくことは可能です。リストは、時とともに変わっていくでしょう。ときおり自らと対話し、最新の自分と出会い直してみてはいかがでしょうか。

思いつくままに、自分にとって大切なことを
書き出していく。実際に書くという
行動を通して、自然と考えが整理され、
自分の本質が浮き彫りになっていく。

4

timeless

大切に、長く……
愛着がもてる服と
生涯のおつきあい

大切に使い、受け継ぐということ

日本人は古来、ものを大切にして、受け継いでいく心をもっていたのだと思います。器が欠けたら金継ぎを施し、その様までも愛《め》でながら長く使いました。着物は傷んできたら染め替えたり、仕立て直したり、さらにはほどいて再利用するなど、身近な道具にもいたわりの心をもち、大切に使ってきたのです。

日本に根づいて１００年ほどの洋服は、そうした日本文化を代表するものと比べると、何世代にもわたって受け継がれるほどの歴史を重ねてはいないかもしれません。けれども服もまた、日本人ならではの心で、長く、大切にできるものであってほしいと、私は考えています。そでを

通してくださった方が、生涯のおつきあいができる服をつくりたいという気持ちが、私の根底にあるのです。これまでの章でお伝えしてきた、「いい素材」を生かし、着る人が主役の「シンプルなデザイン」を貫く服には、そんな思いが込められています。

ブランドが誕生してから20年が経ちますが、この間、服はもちろん、デザイン自体も、使い捨てにはしませんでした。一般的にはシーズンごとに廃棄されることが多いサンプルも、これまでにつくった1200着のほとんどすべてを保管しています。服を大切に、長く愛していただきたいと願うからには、まずつくり手が、同様の真摯な気持ちで向かい合う必要があるのです。

コートをはじめ、私が真心込めておつくりした服を、長年愛用してくださる方も、少なからずいらっしゃいます。つくり手として、これほどうれしいことはありません。長い時をともにする服は、たくさんの思い出を紡いでくれます。そして、いつの日か大切な人が譲り受けてくれたとき、幸せな時間が人から人へ、そして未来へとつながっていくように感じます。愛着を感じる服と出合うこと、長くつきあい、やがてだれかが受け継いでくれることは、きっと、皆さまの毎日を豊かにしてくれるでしょう。

時を経ることによる変化や蓄積が、豊かさや魅力を生み出していくのは、人も、服も同じです。最終章では、大切な服と長くつきあうことの価値と意味について、お伝えしたいと思います。

ものを大切にする日本の心

日本の素晴らしさを思うとき、脳裏にまず浮かぶのが、子供のころから身近にあった着物です。母が「いちばん好きなの」と言ってよく着ていた、白地に水色の濃淡で葉が描かれた着物のことが、私の記憶に色濃く残っています。四季がある日本で、色や柄で季節を感じる装いを楽しみ、着たあとは風を通していねいにしまい、よい状態で次にまとう。そうして次の年も、その次の年も、同じ季節が訪れるたびお気に入りの着物をまとう姿は、それを目にする子供にとって、ものとのつきあい方をごく自然に教えてくれるものでもありました。日本人は、サステナブルという言葉がもてはやされる以前から、ものを大切にする心をもっていたのです。

そんな日本でも、急速に広がった大量生産・大量消費の文化のなかで、ものを使い捨てにすることが広まっていきました。けれども、社会が大きく移り変わった今、そんなに多くのものはいらない、手にするものときちんと向き合い、大切にしていきたいと思っていらっしゃる方は少なくないのではないでしょうか。

今こそ、かつて日本人がもっていた、ものを大切にする心を見直すときだと思います。愛着のもてる服を自分らしく楽しむ、そしてお手入れをしながらていねいにつきあう。ものを慈しみながら大切にする日本の心が、洋服とのつきあい方も変えてくれそうです。

"自分流"を見つけましょう

年齢とともにさまざまな経験が積み重ねられ、ファッションだけでなく、暮らし方、生き方においても、自分のスタンダードが見えてきた、と感じている方も多いと思います。

シンプルな白いシャツを着るときでも、サイズ感やフィット感などの選び方はこう、着こなし方はこう……と、自分好みの感覚がわかってくることでしょう。そうして築かれたスタンダードは、大切な財産です。

たとえばそのスタンダードに、「今年は短い丈のトップスが流行だから、そのエッセンスを少し加えてみよう」などと足し算ができると、日々のコーディネートはいちだんと楽しくなります。一方でライフスタイルや体型などの変化によって、それまで活躍したアイテムが、気分ではなくなったり、似合わなくなったりと、スタンダードから外れていくものも出てくるかもしれません。言い換えれば、自分のスタンダードさえ構築していれば、足し算や引き算をすることで、どんな時代、どんな年代になっても、自分らしい着こなしができるのです。

スタンダードを探していくうえで大切なのは、"自分流"だと思えるポイントを見つけ出すことです。身近にも、「いつも帽子をかぶっていらっしゃるわ」とか、「スカーフを必ず巻いていらっしゃるのよね」と思う方がいるのではないでしょうか。ベーシックなアイテムを着ているのに、なぜかその人らしく見える人は、皆さんなにかしら"自分流"の表現をしています。たとえばシンプルなドレスにヴィンテージのバッグを合わせるだけで、たちまち個性的な印象を与えます。往年の美しいデザインと、時を重ねて生まれた風合いが独特のヴィンテージのバッグには、私も若いころから惹かれ、愛用してきました。同じものがふたつとないバッグのもち味が、私にとっての"自分流"をつくってくれています。

「自分のスタンダードをもちたい」と思うことがまず、一歩を踏み出すことにつながります。ファッションだけでなく、ヘアスタイル、メイク、ネイルといった要素にも、〝自分流〟を探すことができるでしょう。若いうちは目移りすることも多く、自分のスタンダードも定まらないものですが、年齢を重ねることで落ち着いていき、絞られていきます。スタンダード＝ベーシックとは限りません。固定観念にとらわれることなく〝自分流〟を見つけ、スタンダードをつくり上げていくことも、おしゃれの楽しみのひとつです。

中村三加子さんが愛用している、ヴィンテージのバッグ。
南青山のサロンでも、シンプルな服に個性を添える、
世界にひとつのヴィンテージバッグを取り扱っている。

長く着られる服には、ふたつの着心地がある

着心地のよさには、ふたつの側面、「体で感じる着心地のよさ」と「心で感じる着心地のよさ」があると考えています。「体で感じる着心地のよさ」は、ふんわりとした温もりや心地よい重み、肌に伝わるなめらかさといった、体が喜ぶような気持ちのよさです。何度もそでを通したくなる服は、この体感できる快適さを備えているのではないでしょうか。

もうひとつの「心で感じる着心地のよさ」は、その服を着ることで自信をもてたり、人から褒められてうれしくなったりという、心に作用するもの。心を潤わせ、気持ちが高まるような着心地です。

どちらかひとつだけでも、もちろん服は着ることができます。けれども満ち足りることはないでしょう。長く、大切に着たいと思える服をつくるためにも、いつもこのふたつの着心地を念頭においています。

ふたつの着心地のよさを併せもつ、
ホワイトカシミヤのマント『ジーン』。
まろやかな白が美しい。

記憶を呼び覚ます、服はアルバム

服はアルバムのようだと、よく思います。人生のさまざまな日に、忘れられない服の思い出がだれしもあるのではないでしょうか。「そういえばこのコートは、尊敬する先輩と初めて出張に行ったときに着ていて、夢中で仕事をしていたな」などと、日常のワンシーンが、服によってよみがえることもあるでしょう。それを着ていた日の幸せな気持ち、誇らしさ、頑張っていたことまでが、不思議なほど思い出されます。きちんと整理することはもちろん必要ですが、大切な時間をともにした服を手元に残しておくと、アルバムのように記憶を呼び覚ましてくれるだけでなく、その服を通して感じた陽射しの温もりや風の匂いなどが、五感によみがえってくることでしょう。もし私の手がけた服が、そうして長く愛され続けたら、とても幸せなことです。

服のお手入れは愛情を込めて

服のお手入れというと、着ている間にできたシワやシミなどへの対処を思い浮かべがちですが、いちばん大切なのは、着ていないときのケアです。肩幅が合わないハンガーにかけ続けて型崩れしたり、脱いだときには見えなかった汚れが浮かび上がってきたり……トラブルはむしろ、クローゼットや引き出しの中で起きていると言ってもいいほど。考えてみると、服は着ている時間より、自宅で"待機"している時間のほうがはるかに長いもの。その待ち時間を、服にいかに快適に過ごしてもらうか、いわば服への慈しみが、着たときの美しさを生むのです。クローゼットにぎっしり服をかけ、引き出しをパンパンにした状態では、一着一着に心を配ってケアをするのが難しくなります。自分で面倒をみられる枚数が、その人にとっての適切な服の量ということなのかもしれません。

次の世代に受け継ぎたい真珠の美

装いを彩る宝飾品のなかでも、真珠は特別な存在です。多面的なカットを加えて初めて光り輝く宝石とは違い、真珠は貝がつくり出した、天然の美そのもの。重なり合った何千もの層がつくり出す豊かな艶、虹のような色合いが、えもいわれぬ魅力を醸し出しています。だれもデザインしていないのに、ありのままで美しい。長い時間をかけて海に育まれた真珠を手に取ると、神秘すら感じます。清楚でまろやか、奥ゆかしい佇いは人の心を惹きつけ、日本では、娘が成人すると母親が贈るような特別なジュエリーとしても親しまれてきました。気候の変化で真珠が育ちにくくなっていると耳にしますが、この日本女性によく似合う美の結晶を、次の世代へと大切につないでいきたいものです。

天体を思わせるデザインのリングは
中村三加子さんが叔母から譲り受けたもの。
タイムレスな真珠の輝きが印象的。

2012.4

サロンネームは、お客さまとのつながりの証

かつてイタリア・フィレンツェのサルトリア（オーダーメイドサロン）を訪れたとき、そこでつくっていたメンズのスーツに、ご主人が一着一着、注文した人の名前と日付を布に手書きし、服の裏に縫い付けていました。服と人とその出合いの日を残す、素敵な心遣いだと思い、私も同じようなネームを付けたいと、東京・神田で3代続く老舗の刺繍店にお願いすることにしました。以来、手振りミシンを自在に操り、手刺繍のように見事なネームをつくり出してくれています。

南青山のサロンでは、オーダーいただいた年月とイニシャルを刺繍したグログランリボンを、内ポケットなどに縫い付けてお渡ししています。ブラウンのリボンにベージュの糸で刻まれたサロンネームは、そこからお客さまと服と、サロンとの長いおつきあいが始まることの証なのです。

茶色のグログランリボンに、
購入年月とイニシャルの刺繍が
施されたサロンネーム。

人生をともに歩む、服のためにできること

私が自分のブランドを始めて、まだ20年。長い歴史を誇る国内外の有名ブランドや老舗と呼ばれるさまざまな分野の名店には遠く及びませんが、「いつか私も、お客さまとずっとつながっていける服づくりがしたい」と考え、その思いを凝縮したデザインを「マスターピース」として、ブランドを始めた当初から紹介してきました。この12型は、"MIKAKO NAKAMURA"の出発点です。

マスターピースは、8型のコート類、プルオーバー、ジャケット、ドレスからなるコレクションで、いずれもカシミヤやシルクなどのベーシックな素材はもちろん、シーズンごとに新たな色や素材を加えてご提案しています。また、この12型には、『ミーナ』『ジーン』などチャーミングな女性の名前を付けていて、お客さまからも名前で呼んでいただくこと

が少なくありません。なかでも『ルナ』は、たくさんの方に愛され続けているコートです。

ゆるやかなAラインと七分丈のベルスリーブ、前身ごろに左右ふたつずつ配したポケット、サイドの深いスリットが特徴のコート『ルナ』は、時代や流行がどんなに変化してもつねに人気で、幅広い世代の方からオーダーをいただいています。前後左右どの角度から見てもごくシンプルなデザインは、素材や色を変えるだけで印象が新たになり、シーズンごとにおつくりになる方、親子でおつくりくださる方もいて、デザイナー冥利に尽きる作品となりました。また『ジーン』と名付けたカシミヤの大きなマントは、約9メートルの縁取りをすべて手でまつってつくられています。ストールのようにフラットに折りたためるので、持ち運びに便利なだけでなく、デニムにもドレッシーな装いにも、ぴったりなじみます。着物に合わせるお客さまもいらっしゃるなど、着こなしの幅がとても広く、『ルナ』に次いで人気を集めています。

息の長いアイテムには、時代によって少しずつ変化を遂げているものもあります。たとえば『ルナ』も、以前はパンツと合わせる方が多かったのですが、最近は「タイトスカートにも合わせたい」というお客さまも増え、その場合は着丈を長めにおつくりすることもあります。守り続ける強さだけでは、マスターピースは成り立たない、と考えています。お客さまが愛着をもって着てくださっている服を、ブランドとしても過去の服とすることなくつくり続け、進化し続ける——そんな服づくりこそ、女性を幸せにできるのだと信じています。

長く愛されるマスターピースは12型。
上段右から／ショート丈コート『サリー』、
トレンチコート『ソフィア』、ウェストシェイプ
コート『アデリーナ』、ショートコート『ルナ』、
中段右から／フード付きコート『レニ』、
ドレス『ナタリー』、マント『ジーン』、
カシミヤのドレス『マリア』、
下段右から／ショートジャケット『アンナ』、
ドルマンスリーブのコート『デビー』、
プルオーバー『ミーナ』、ベルテッドコート『エレン』と、
すべて女性の名前が付けられている。

おわりに
ファッションの未来に寄せて——

私が自分のブランドを始めたのは、服の大量生産がピークになりつつあるころでした。デザイナーとして長くファッションの現場にいた私は、たくさんの服が着られることのないまま店頭から姿を消していくのを、幾度となく目にしました。そんな状況に疑問を抱いた私は、デザイナーとして、捨てられることのないような服をつくろうと心に決めました。そして、いよいよ自分のブランドをスタートさせるにあたって、「捨てる服はもういらない」というメッセージを発信することにしたのです。

それから20年を経た今、ファッションに対する価値観は大きく変化しました。衣料の大量廃棄が社会問題となり、環境に配慮したサステナブルファッションの必要性が叫ばれるようになってきました。それとどもに、生活のなかでファッションの優先度が低くなり、つねに流行を追い求めている人も少なくなっているように思います。

私が服づくりに使っている天然素材も、安定した生産がいつまでもできるわけではないという現実が見え始め、テキスタイルや縫製をはじめとするものづくりの現場では、担い手不足が長く続いています。"夢"を生み出してきたファッションを取り巻く状況は、しだいに厳しいものとなってきました。

この本の提案をいただいたとき、私のような一デザイナーの話を読んでくださる方がいるのだろうかとためらいました。それでも、私が大切にしてきた日本におけるものづくりの未来を考えると、自分の経験が少しは役に立つかもしれないと思い直し、出版させていただくことにしました。この本を通して、服のもつ力、ファッションの可能性を少しでも感じ取っていただければ、これほどうれしいことはありません。20年後、

30年後の社会がどうなっているのか、想像もつきませんが、日本人が大切にしてきた衣食住の〝衣〟の将来が少しでも明るいものとなり、ファッション関連産業で働く方々に希望をもっていただきたいと願っています。

デザイナーとしてこれまで仕事を続けてこられたのは、素晴らしい方々と出会い、支えていただいたからにほかなりません。これまでにお会いできたすべての皆さまに、心より感謝申し上げます。

最後に、出版の機会を与えてくださった小学館の吉川 純さん、執筆をサポートくださった川村有布子さん、上杉恵子さん、この本に掲載されている写真を撮影いただいた浅井佳代子さん、片山延立及さん、本のデザインを担当された金田一亜弥さんにお礼申し上げます。

社会が平和であるからこそ、生活を楽しく、豊かにするファッションが存在できるのだと思います。どうか世界が平和になり、その平和が末永く続きますように。

中村三加子さん手描きのデザイン画。
着てくださるお客さまの姿を思い描きながら
ペンを走らせる。

Profile

中村三加子　なかむらみかこ

東京都生まれ。祖父は山岳画家の中村清太郎、父は着物の図案家という芸術一家に育つ。テキスタイルデザイナーからアパレルデザイナーとなり、国内外の数多くのブランドのデザインを手がけたのちに独立し、1993年に株式会社オールウェイズを設立。セレクトショップや百貨店などのプライベートブランドの企画や、ニューヨークコレクションに参加しているデザイナーのコンサルティングに携わる。2004年にオーダーをメインとした自身のブランド〝MIKAKO NAKAMURA〟を創設。以来、「捨てる服はもういらない」というメッセージを発信し続けている。2008年にはカジュアルラインの〝M・Fil〟を発表し、セレクトショップや百貨店などで展開。はき心地のいい『イージートラウザーズ』と名付けたパンツが、多くのファンを得る。2012年、両ブランドを取り扱う旗艦店「MIKAKO NAKAMURA 南青山サロン」をオープン。2016年、『イージートラウザーズ』に特化したブランド、〝NUMBER M〟をスタートさせ、メンズもラインナップに加える。2019年、〝MIKAKO NAKAMURA〟15周年を記念した展覧会「美のミュージアム」を和光（東京・銀座）で開催。プライベートでは、保護犬のレイちゃんとの時間を大切にしている。

撮影／浅井佳代子
片山延立及
ヘア＆メイク／福沢京子（ポートレート）
モデル／瀬畑茉有子
聞き書き・構成／川村有布子
英訳／Alex G. K. Pulsford
ブックデザイン／金田一亜弥（金田一デザイン）
校正／オフィス・タカエ

取材協力／上杉恵子
（MIKAKO NAKAMURA20周年プロジェクト）

多言語編集／矢野文子
販売／大礒雄一朗　阿部慶輔
制作／髙橋佑輔
資材／遠山礼子
宣伝／一坪泰博
編集／吉川 純

75ページ出典：建築家 吉村順三のことば100『建築は詩』
永橋爲成／監修　吉村順三建築展実行委員会／編　彰国社

美しい服
MIKAKO NAKAMURA
長く愛される価値ある本物

2024年11月3日　初版第1刷発行

著者　中村三加子
発行人　高橋木綿子
発行所　株式会社小学館
〒101-8001　東京都千代田区一ツ橋2-3-1
編集　03-3230-5118
販売　03-5281-3555
印刷所　TOPPAN株式会社
製本所　牧製本印刷株式会社

©オールウェイズ2024
Printed in Japan

ISBN978-4-09-311575-9

造本には十分注意しておりますが、印刷、製本など製造上の不備がございましたら「制作局コールセンター」(フリーダイヤル0120-336-340)にご連絡ください。(電話受付は、土・日・祝休日を除く 9:30〜17:30)

本書の無断での複写(コピー)、上演、放送等の二次利用、翻案等は、著作権法上の例外を除き禁じられています。本書の電子データ化などの無断複製は著作権法上の例外を除き禁じられています。代行業者等の第三者による本書の電子的複製も認められておりません。